Taha Balafrej
Souad Benaich
Rachida Hassikou

Levantamento etnobotânico

Taha Balafrej
Souad Benaich
Rachida Hassikou

Levantamento etnobotânico

sobre as utilizações terapêuticas da canábis na região de Taounate, em Marrocos

ScienciaScripts

Imprint

Cover image: www.ingimage.com

This book is a translation from the original published under ISBN 978-620-6-70457-7.

Publisher:
Sciencia Scripts
is a trademark of
Dodo Books Indian Ocean Ltd. and OmniScriptum S.R.L publishing group

120 High Road, East Finchley, London, N2 9ED, United Kingdom
Str. Armeneasca 28/1, office 1, Chisinau MD-2012, Republic of Moldova, Europe
Printed at: see last page
ISBN: 978-620-7-94409-5

BALAFREJ Taha

Levantamento etnobotânico das utilizações terapêuticas da canábis na região de Taounate, em Marrocos

Resumo

Antecedentes e objectivos: A canábis é utilizada há mais de 4.500 anos em diversos domínios, incluindo a medicina, para tratar numerosas doenças. O objetivo do presente estudo é efetuar um levantamento etnobotânico na província de Taounate, a fim de recolher informações sobre as utilizações terapêuticas da cannabis pela população local.

Métodos: O estudo etnobotânico foi realizado na província de Taounate utilizando um questionário de entrevistas semi-estruturadas com informadores selecionados aleatoriamente. Os dados foram analisados com recurso a índices e testes estatísticos, tais como a importância cultural (IC), o nível de fidelidade (LF), a frequência relativa de citação (RFC), o teste do Qui-quadrado (χ^2), a regressão logística, a análise múltipla correspondente (ACM) e o posicionamento multidimensional não métrico (nMDS).

Resultados: 65,4% dos informadores utilizaram *a Cannabis sativa* L para fins terapêuticos, com um IC de cerca de 0,40.

Foram indicadas 11 doenças para tratamento com canábis, das quais a "cham" foi a mais frequentemente citada, com uma NF de 92,9%. O método de preparação mais recomendado foi o fumo e o método de administração mais comum foi a inalação. Os resultados mostraram uma correlação significativa entre o uso terapêutico, o género e o tipo de localidade. A ACM revelou que o género masculino, a zona urbana, o ensino secundário e os informadores com idades compreendidas entre os 20 e os 40 anos eram caraterísticas comuns entre os consumidores de cannabis para fins terapêuticos. Em segundo lugar, a nMDS mostrou que as doenças tratadas se distribuíam de forma homogénea entre as zonas rurais e urbanas.

Conclusão: Este estudo realça a importância da utilização terapêutica da *Cannabis sativa* L. na província de Taounate. No entanto, é necessária mais investigação fitoquímica, farmacológica, toxicológica e clínica para investigar a sua eficácia e segurança.

Palavras-chave: *Cannabis sativa* L., estudo etnobotânico, Taounate, utilizações terapêuticas.

Agradecimentos

Esta investigação foi realizada na região de Taounate, em Marrocos, em colaboração com a Agence Nationale des Plantes Aromatiques et Médicinales de Taounate, sob a direção científica de Rachida Hassikou e Chaimae Rais.

Gostaria de expressar os meus sinceros agradecimentos à Sra. Rachida Hassikou pela sua orientação, apoio e generosidade, que me permitiram progredir e melhorar os meus conhecimentos e competências nesta fase de aprendizagem como investigador de doutoramento.

Gostaria também de agradecer à Senhora Chaimae Rais pela sua hospitalidade e conhecimentos especializados, que muito contribuíram para o êxito deste trabalho.

Por último, gostaria de agradecer a todos os que contribuíram de alguma forma, pela sua ajuda, apoio moral e confiança.

Índice

I. Introdução

As plantas medicinais representam a forma de medicina mais antiga e mais difundida no mundo e continuam a ser utilizadas até aos dias de hoje. Nos últimos 20 anos, tem sido dada uma atenção crescente às plantas medicinais, tendo sido efectuados numerosos estudos etnobotânicos (Mohammadi *et al.*, 2023, Skalli *et al.*, 2019). Estima-se que 80% da população mundial utiliza regularmente a medicina tradicional para tratar e/ou prevenir várias doenças (Kachmar *et al.*, 2021; Mbuni *et al.*, 2020). Em Marrocos, existem quase 600 plantas aromáticas e medicinais conhecidas e utilizadas de 4.200 espécies, cujas propriedades terapêuticas são transmitidas oralmente de geração em geração, principalmente nas zonas rurais, devido à facilidade de acesso e à acessibilidade económica destas plantas (Jan *et al.*, 2023; Barkaoui *et al.*, 2022).

A Cannabis sativa L. é uma planta anual dicotiledónea cosmopolita pertencente à família Cannabaceae, género Cannabis (Farag & Kayser, 2017). É cultivada há mais de 4 500 anos e utilizada numa série de domínios, incluindo a medicina, a alimentação, os têxteis e os estupefacientes (Ross, 2005). O interesse pela investigação sobre a canábis cresceu exponencialmente com a utilização generalizada da planta para fins recreativos nas décadas de 1960 e 1970. Nos anos 80-90, a descoberta dos receptores canabinóides pôs em evidência o seu papel numa série de processos fisiológicos para manter o equilíbrio interno de muitas funções biológicas (Pagano *et al.*, 2022; Pertwee, 2006). Nos últimos 20 anos, os estudos etnobotânicos registaram um ressurgimento do interesse em vários países do mundo, incluindo Marrocos (Mohammadi *et al.*, 2023). Foram relatadas numerosas utilizações terapêuticas da *Cannabis sativa* L. no tratamento de várias perturbações de saúde, como a dor, a ansiedade, as náuseas, o cancro, a insónia e o reumatismo (Chaachouay *et al.*, 2022; Amrati *et al.*, 2021; Mouna *et al.*, 2020; Merzouki *et al.*, 1999).

O cultivo de canábis começou a proliferar na década de 1990 na província de Taounate, com a subsequente transferência de conhecimentos tradicionais sobre as suas várias utilizações para a população local (Blickman, 2017). Com o tempo, a província de Taounate tornou-se uma região-chave para o cultivo e a produção de canábis (UNODC, 2003). Em junho de 2021, foi promulgada a Lei 13.21. Abrange a regulamentação do uso médico, farmacêutico e industrial da canábis, bem como orientações para o seu cultivo em áreas específicas, incluindo Chefchaouen, Taounate e Al Hoceima. Este quadro jurídico facilitou a investigação sobre a planta (Bachir *et al.*, 2022; Secrétariat général du gouvernement, 2021).

A fim de contribuir para a etnofarmacologia e de preservar o património marroquino no que diz respeito às utilizações medicinais tradicionais da *Cannabis sativa* L., realizámos um estudo na província de Taounate (norte de Marrocos), onde, tanto quanto sabemos, foram realizados poucos estudos etnobotânicos sobre a canábis. Os principais objectivos deste trabalho foram explorar a extensão do uso da canábis nesta província, a fim de determinar as doenças tratadas por esta planta, e estudar a existência de relações determinantes entre este conhecimento local e várias caraterísticas sociodemográficas (idade, sexo, nível de educação e tipo de localidade) utilizando ferramentas estatísticas.

Além disso, este trabalho coincide com a recente legalização da cultura e do consumo de canábis em Marrocos, onde, segundo Bellakhdar (1997), a cultura e o consumo desta planta eram proibidos desde 1953. Este trabalho realça a importância crescente do consumo de canábis a nível mundial e ajudará a promover a investigação sobre a sua indústria farmacêutica.

II. Bibliografia

a) Origem e distribuição geográfica da *Cannabis sativa* L.

As análises de fósseis, pólenes e artefactos arqueológicos permitiram traçar aproximadamente a origem e a dispersão da canábis ao longo do tempo. Embora a origem geográfica da canábis na Eurásia tenha sido estabelecida, a sua localização exacta permanece incerta (Clarke e Merlin, 2013). A maioria dos estudos aponta para uma origem na Ásia Central (Rull, 2022; Ren *et al.*, 2021; Schultes, 1969).

Osterberger *et al* (2022) sugerem que a região de Yunnan poderia ser o berço da canábis, com base na análise dos plastomas de diferentes acessos de canábis utilizando 8 marcadores de cloroplastos. Do mesmo modo, McPartland *et al* (2019) localizaram o centro de origem da canábis no nordeste do planalto tibetano, perto do lago Qinquai (atualmente Ningxia, China), através da análise de pólen encontrado em rochas com 19,6 milhões de anos. Em contrapartida, as investigações moleculares de Zhang *et al.* (2018) sugerem uma região de baixa latitude da Índia como possível centro de origem da canábis.

Pensa-se que a canábis se espalhou da China para a Rússia e a Europa há cerca de 6 milhões de anos e para o leste da China há cerca de 1,2 milhões de anos, muito antes do aparecimento dos seres humanos. Esta dispersão é atribuída à última grande idade do gelo, durante a qual muitas espécies de plantas, incluindo a canábis, foram forçadas a refugiar-se (Clarke e Merlin, 2013; McPartland, 2018). O cultivo da canábis remonta ao período Neolítico na China, como evidenciado por achados arqueológicos que datam de 10 000 a 12 000 anos na China e em Taiwan (Liu *et al.*, 2017). Foram também documentadas várias utilizações da canábis, incluindo o fabrico de cordas, vestuário, velas e tintas vegetais encontradas na cerâmica (Li, 1974).

A planta propagou-se depois para o Sul da Ásia durante a Idade do Bronze, graças a uma série de invasões de tribos arianas, que contribuíram grandemente para a sua difusão ao longo da Rota da Seda, da Mongólia ao Médio Oriente. Simultaneamente, os citas, um povo geralmente nómada da Eurásia, também desempenharam um papel na difusão da planta no Sul da Ásia, no Médio Oriente e na Europa Oriental através do comércio e da guerra com os povos semitas, incluindo os assírios, os judeus e os egípcios (Warf, 2014).

A cannabis espalhou-se depois do mundo eslavo para a Alemanha, na sequência da migração dos povos teutónicos e da sua invasão da Europa Ocidental por volta do século V d.C. (Merlin, 1972).

[ème]Pensa-se que a canábis foi introduzida no Magrebe por volta do século VIII durante a conquista árabe-muçulmana (Bellakhdar, 1997), tendo depois chegado a Espanha na mesma altura, após a invasão pelos mouros, uma população berbere do Norte de África (Warf, 2014). Terá então continuado o seu caminho para a África Oriental por volta do século XI, passando pelo Egito graças aos mercadores árabes que utilizavam a rota do Mar Vermelho, antes de se espalhar pelo resto do continente africano (du Toit, 1976).

[èmeème]Entre os séculos XVI e XVIII, a canábis foi introduzida na América Latina em várias ocasiões, nomeadamente por colonos espanhóis (Rubin, 2011). Em 1545, o conquistador Pedro Cuadrado, membro do exército de Cortes, foi o primeiro a introduzir a planta na

Cidade do México (Clarke e Merlin, 2013). A chegada dos colonos britânicos que formaram a colónia de Jamestown, na Virgínia, no norte da América, levou à introdução da canábis e ao seu cultivo para a obtenção de fibras, que depois se espalhou gradualmente por todo o território (Dr. G.O. Ayenigbara, 2012).

b) Utilizações medicinais tradicionais da *Cannabis sativa* L.

Desde o período Neolítico, há cerca de 12 000 anos, a canábis é uma das plantas mais antigas cultivadas pelo homem, nomeadamente pelas suas fibras (Bonini *et al.*, 2018). Também tem sido utilizada em vários domínios, como a alimentação, os têxteis, a medicina e o lazer (Hartsel *et al.*, 2016). O primeiro documento a registar o seu uso medicinal é o Pen Ts'ao Ching, datado de 100 a 200 d.C., uma compilação de transmissões orais do imperador chinês Chen Nung, que viveu há 5.000 anos e é considerado o pai da agricultura chinesa, prescrevendo o uso da cannabis para tratar fadiga, reumatismo, malária e outras doenças (Touw, 1981).

Na Índia, a utilização da canábis remonta a cerca de 1000 a.C. (Mikuriya, 1969), sendo a descrição mais antiga encontrada no Atharva-Veda (3000-4000 a.C.), um dos primeiros textos védicos sagrados que tratam da medicina (Sharma, 1977). Numerosos outros textos védicos, como o Susrita Samhita, descrevem as suas utilizações terapêuticas para tratar convulsões, fadiga, estimular o apetite, etc. (Pisanti e Bifulco, 2019).

O Império Assírio, estabelecido por volta de 2000 a.C., conhecia bem a utilização terapêutica da canábis para tratar várias doenças, como inchaços, contusões, depressão, artrite, pedras nos rins e perturbações ginecológicas (R.N., 1997).

No Egito, já no tempo dos faraós, a canábis fazia parte da farmacopeia e era administrada de várias formas, incluindo por via oral, rectal, vaginal e por fumigação dos olhos ou da pele. Os primeiros vestígios da sua utilização remontam ao papiro Ramesseum III, datado de cerca de 1700 a.C., que regista a sua utilização para tratar doenças oculares. De seguida, o papiro de Berlim, datado de cerca de 1300 a.C., descreve a utilização da canábis para tratar a febre. Por último, o papiro de Ebers, datado de cerca de 1 550 a.C., regista a sua utilização para induzir contracções durante o parto e para tratar doenças das unhas dos pés (Russo, 2007).

A medicina árabe, conhecida pelos seus progressos, também utilizava a canábis para fins medicinais. [èmeème]Vários viajantes e médicos árabes descreveram os seus usos, entre os quais Al Razi, Sabur Ibn Sahl na sua coleção "Al Aqrabadhin Al-saghir", Avicena na sua enciclopédia "O cânone de Avicena" (1000 anos d.C.), Ibn Al Baytar nos seus escritos (séc. XIV) e Marco Polo no seu livro "As viagens de Marco Polo" (séc. XIII). Entre os tratamentos descritos encontram-se os de dores de cabeça, oftalmia, dores uterinas, edemas gerais, vermes intestinais, vómitos, febre, etc. A planta era também utilizada como analgésico, anti-inflamatório, antiemético, anticonvulsivo, etc. (Russo, 2007; Mahdizadeh *et al.*, 2015; Nahas, 1982; Hamarneh, 1972).

Os antigos romanos e gregos utilizavam a canábis principalmente pelas suas fibras nos têxteis e pelas suas sementes na alimentação. Entre as obras que registam a sua utilização medicinal contam-se "Naturalis historia" de Plínio, o Velho (23-79 d.C.), "De materia medica" de Dioscórides (40-90 d.C.) e os textos de Galeno (129-201 d.C.). A cannabis foi descrita como um tratamento para a artrite e a gota por decocção das raízes, para extrair vermes e parasitas dos ouvidos, para aliviar feridas, reduzir a inflamação e o edema, e para tratar dores de ouvido com o sumo de folhas frescas (Crocq, 2020; Pisanti e Bifulco, 2019).

Atualmente, muitas comunidades em todo o mundo utilizam a planta da canábis e os seus derivados para aliviar e/ou tratar várias doenças (Bonini *et al.*, 2018). No distrito de Himachal Pradesh, na Índia, as folhas são usadas medicinalmente (Kaushal, 2012). Em Marrocos, na província de Taounate, a inflorescência, as folhas e as sementes de canábis são utilizadas para tratar a diabetes, lesões, ansiedade, insónia, cancro e glaucoma, entre outras doenças (Balafrej *et al.*, 2024). No distrito de Rajshahi, no Bangladesh, as folhas de canábis são utilizadas para tratar a insónia e a tosse, enquanto as sementes são utilizadas para estimular a função sexual (Nawaz *et al.*, 2009). Doentes com cancro no Uganda descrevem a utilização de canábis para o alívio dos vómitos e das dores (Asiimwe *et al.*, 2023).

c) Regulamentos

A Cannabis sativa é conhecida pelas suas propriedades terapêuticas e pela sua prescrição no tratamento de várias doenças (Andre *et al.*, 2016). [ème]No entanto, o aumento do seu uso recreativo no início do século XX levou à sua restrição em muitos países. Em 1966, a canábis foi classificada como uma droga da lista 1 da Lei das Substâncias Controladas, ou seja, uma substância com elevado potencial de abuso e que apresenta um risco grave para a saúde pública (Svrakic *et al.*, 2012). [ème]Antes disso, o Egito foi o primeiro país a experimentar a proibição da cannabis durante a sua ocupação por Napoleão e, no final do século XIX, os Estados Unidos introduziram a Marihuana Tax Act em 1937 para combater o consumo de cannabis e, em Marrocos, em 1953 e 1954, foram promulgados dahirs que proibiam a produção e o consumo de cannabis (Collins, 2020; Bellakhdar, 1997).

A extensa investigação sobre o potencial terapêutico da canábis, iniciada principalmente na década de 1960, levou, nos últimos anos, à descriminalização e legalização do seu uso, seja para fins recreativos, médicos ou industriais, ou para os três, em vários países do mundo (Budney *et al.*, 2019; Svrakic *et al.*, 2012). A Califórnia, nos Estados Unidos, foi o primeiro estado americano a legalizar a canábis medicinal em 1996, seguido por 35 outros estados em 2020 (Mikos e Kam, 2019). Muitos outros países também legalizaram totalmente o seu uso medicinal, incluindo a Argentina, o Canadá, a Finlândia, a Alemanha, a Itália e Marrocos. Outros países, como a Bélgica, a França, o Gana e o Japão, restringiram a sua utilização a produtos específicos e/ou em condições específicas (Figura 1) (Decarte, 2019; McGregor *et al.*, 2020; Quarshie e Alagidede, 2020).

Em Marrocos, o processo de legislação sobre a canábis passou por várias fases (Bennis et *al.*, 2023):

- Em 1890, foi efectuada uma primeira tentativa, na época do sultão Hassan 1, antes da chegada do regime francês em 1906, em que este autorizou o seu cultivo apenas em 5 douar de Ketama e Beni khaled;

- Em 1906, na sequência da conferência de Algeciras, a importação e a exportação de cannabis passaram a ser coordenadas pelas comissões diplomáticas estrangeiras e pelo Makhzen;

- Em 1916, o protetorado francês publicou um decreto que legalizava e regulamentava o cultivo da cannabis;

- Em 1932, um decreto proibiu o cultivo de cannabis, com exceção da cannabis cultivada sob o controlo da Régie des Tabacs et du Kif em Haouz e Gharb;

- Em 1954, o protetorado francês emitiu um decreto que proibia o cultivo de cannabis nas zonas sob domínio francês;

- Em 1956, após a independência, o cultivo de cannabis foi proibido em todo o território marroquino, com exceção das zonas históricas;

- Em 1974, a proibição da sua produção e consumo foi alargada a todo o Reino;

- Em 2021, Marrocos vai aprovar um projeto de lei para legalizar o cultivo de canábis.

Figura 1 Estatuto jurídico da canábis medicinal (mapa QGIS)

d) Taxonomia

A Cannabaceae é uma família de plantas herbáceas anuais e perenes dióicas, raramente monóicas, com folhas alternas ou opostas, frequentemente mais ou menos lobadas, palmadas ou compostas e estipuladas. As flores são actinomórficas e polinizadas pelo vento, e o fruto é geralmente um aquénio ou uma drupa (Xu e Deng, 2017).

èmeème Esta família, designada Urticaceae e Moraceae desde meados do século XVIII até meados do século XX, contém tradicionalmente dois géneros: Cannabis e Humulus. No entanto, análises filogenéticas recentes identificaram um total de 10 géneros e mais de 100 espécies (The Analytical Chemistry of Cannabis, 2016).

A classificação da canábis foi durante muito tempo objeto de debate, e continua a sê-lo atualmente. Ao longo do tempo, esta classificação tem-se baseado numa série de factores, incluindo a morfologia, o ambiente, a composição química e o genoma.

Foi descrita pela primeira vez por Linnaeus como *Cannabis sativa* em 1753, depois por J.B. Lamarck em 1785 como *Cannabis indica*, e finalmente em 1924 por D.E. Janischewsky como *Cannabis ruderalis*, tendo em conta a sua morfologia, o ambiente e a composição química (Lapierre et *al.*, 2023). Esta confusão em termos de classificação deu origem a uma controvérsia sobre a sua origem politípica ou monotípica. A origem politípica considera a presença de três espécies: *C. sativa*, *C. indica* e *C. ruderalis*, ao passo que a origem monotípica considera apenas uma espécie: *C. sativa*, na qual indica e ruderalis e outras espécies ditas variedades são consideradas variedades (Watts, 2006). Além disso, sugere-se também que *C. sativa* é a única espécie com indica, sativa e ruderalis como subespécies.

No entanto, a maioria dos estudos moleculares realizados nos últimos anos concluiu que a sua origem é monotípica, reconhecendo a classificação formal da *Cannabis sativa* com subespécies sativa e indica (McPartland 2018). Além disso, um estudo efectuado por Vergara *et al* (2021) concluiu que se trata de uma espécie geneticamente modificada mas única.

De acordo com a classificação APG (The Angiosperms Phylogeny Group) de 2016, a família Cannabaceae pode ser localizada da seguinte forma:

Reino : Plantas

Filo : Fanerogâmicas

Sub-ramo : Angiospérmicas

Classe : Rosaceae

Subclasse: Eurosidae

Encomenda : Rosales

Família: Cannabaceae

Género: Cannabis L.

Espécie: sativa

e) Nomes comuns

Alemão: Hanf; Haschisch; indischerHanf

Inglês: hemp; marihuana

Árabe: Al-Bhango; Al-Hashish; Al-Qanaap

Chinês: Xian ma; ye ma

Dinamarquês: Hemp

Espanhol: Canamo; grifa; hachıs; mariguana; marijuana

Finlandês: Hamppu

Flamengo: Hennep

Francês: Chanvre; chanvre d'Inde; chanvre indien; chanvrier

Indiano: Bhang; charas; ganja

Japonês: Mashinin

Nepalês: Cares; gajiimaa; gaanjaa

Português: Cânhamo; maconha

Russo: Kannabis sativa

Sueco: Porkanchaa (ElSohly et *al.*, 2017)

f) Descrição botânica

i. Sistema vegetativo

Figura 2 Parte do caule *da Cannabis sativa* (Yadav, 2014).

O caule: A morfologia do caule (figura 2) é a mesma em todas as variedades de *Cannabis sativa*. Os caules são geralmente erectos, angulosos, sulcados, ramificados, com um interior lenhoso, por vezes oco nos entrenós, e variam em altura de 1 a 6 m (1 a 3 m em média). Os ramos são opostos ou alternos. No entanto, observam-se certas diferenças entre as plantas masculinas e femininas: as plantas masculinas são cerca de 10 a 15% mais altas do que as femininas, que são mais largas (Bouloc, 2006).

Folhas: As folhas são constituídas por um pecíolo longo com 5 a 7 folíolos verdes, lanceolados, palmados, desiguais, alongados e dentados (Figura 3). A filotaxia desta espécie está sempre a evoluir, primeiro é apresentada por uma filotaxia oposta e depois torna-se alternada (Farag e Kayser, 2017).

Figura 3 Faces abaxial (esquerda) e adaxial (direita) de uma folha de *Cannabis sativa* (Yadav, 2014).

Raízes: O sistema radicular do cânhamo consiste numa raiz axial ramificada (Figura 4), que cresce até uma profundidade de 30 a 60 cm e até 2,5 m em solo solto (Farag e Kayser, 2017). As plantas masculinas diferem das femininas pelo facto de terem um período vegetativo mais curto e, por conseguinte, um sistema radicular menos desenvolvido (Bouloc, 2006).

Figura 4 Sistema radicular *da Cannabis sativa* (Farinon *et al.*, 2020).

ii. Sistema reprodutor

A Cannabis sativa é uma planta dióica, com um ciclo de vida médio de 4 a 6 meses, essencialmente alógama, pelo que o seu pólen se propaga pelo vento, e reproduz-se exclusivamente por sementes.

Uma vez germinadas as sementes, é difícil, se não impossível, determinar o sexo da planta até que esta atinja a maturidade. Isto deve-se ao facto de vários factores poderem alterar a natureza do sexo, principalmente factores ambientais e hormonais. Posteriormente, a evolução para a fase de floração é induzida por fotoperíodos curtos em dias consecutivos (10 a 12 horas de escuridão).

Figura 5 Flores de *Cannabis sativa*. L, macho (A) e fêmea (B) (Bonini *et al.*, 2018).

Flores: As flores diferem entre machos e fêmeas; as flores femininas caracterizam-se pela ausência de pétalas, 2 estigmas amarelos/esbranquiçados com um ovário que encerra um único óvulo, uma inflorescência em cimas compactas misturadas com brácteas foliáceas e inseridas aos pares nestes pistilos apoiados no caule por pequenas folhas (brácteas). As flores masculinas estão agrupadas em panículas, com 5 pétalas verdes ou amarelas, 5 sépalas verde-pálidas e 5 estames pendentes com filamentos e estames delgados (Figura 5).

Sementes: As sementes *de Cannabis sativa* são ovóides ou esféricas, medem 3 a 5 mm de comprimento (Figura 6) e contêm um embrião que ocupa todo o volume e é coberto pelo seu próprio invólucro (testa) e pericarpo, contendo ainda 2 cotilédones ricos em reservas.

g) Ecologia

Figura 6 Sementes de *Cannabis sativa* (Farinon *et al.*, 2020).

As caraterísticas morfológicas, biológicas e farmacoquímicas da *Cannabis sativa* dependem das condições de cultivo, da altitude, da temperatura, da humidade, da luz e dos tipos de fertilizantes utilizados (Stambouli et *al.*, 2005). O crescimento ideal desta erva requer uma temperatura média de 14,3°C, um pH de 6,5, uma precipitação média de 950 mm, boa luminosidade, um clima húmido ou um solo húmido com boa drenagem e um solo rico em nutrientes minerais (principalmente azoto em grandes quantidades) e matéria orgânica (CABI, 2021).

III. Materiais e métodos

a) Área de estudo

A província de Taounate faz parte da região de Fès-Meknès, em Marrocos, situada entre 34°32'09" norte e 4°38'24" oeste. É uma das 12 regiões criadas durante a reorganização territorial de 2015, tendo Fès como capital (Bulletin Officiel, 2015). Taounate faz fronteira com as províncias de Chefchaouen e Al Hoceima a norte, a região de Fez a sul, a província de Taza a leste e a província de Sidi Kacem a oeste (Figura 7). Com uma superfície total de 5.585 km2, a província de Taounate compreende 49 comunas, das quais 5 zonas urbanas e 44 zonas rurais, bem como cerca de 1.600 aldeias (Figura 7). A região situa-se numa zona de clima mediterrânico caracterizada por invernos frios e húmidos (com uma média de 5°C) e precipitações variáveis, com as zonas do norte a receberem até 1.800 mm de precipitação por ano (Agence urbaine de Taza, 2017).

De acordo com o inquérito do UNODC sobre a cannabis em Marrocos (2004), a economia da província de Taounate baseia-se na agricultura cerealífera, na olivicultura e na criação de gado. Além disso, desde o final do século passado, o cultivo de canábis tem crescido exponencialmente, principalmente entre os jovens. Estes dados fornecem uma visão geral da província de Taounate e destacam a sua importância em termos de cultivo de canábis e o seu potencial para a investigação científica no âmbito do quadro regulamentar e legislativo nacional estabelecido em junho de 2021

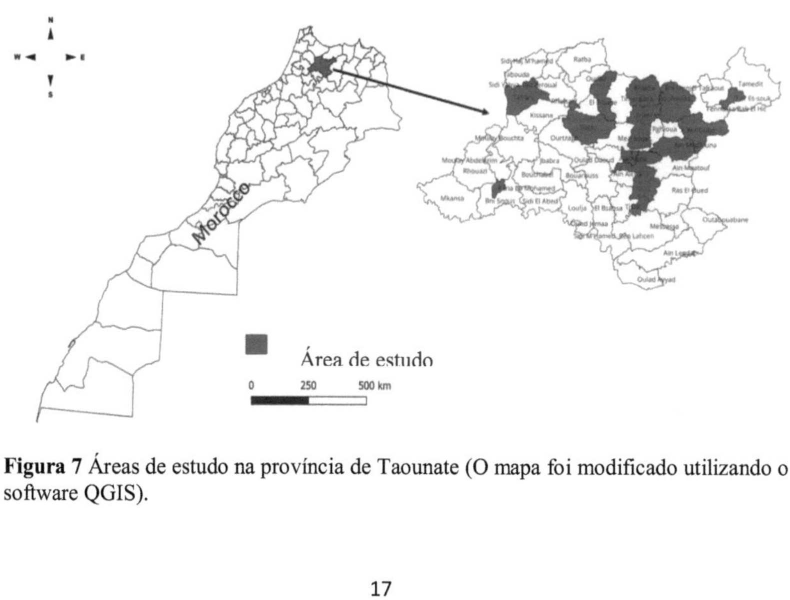

Figura 7 Áreas de estudo na província de Taounate (O mapa foi modificado utilizando o software QGIS).

b) Recolha de dados

O estudo etnobotânico da *Cannabis sativa* L. foi realizado de 15 de dezembro de 2022 a 15 de janeiro de 2023 em 15 municípios, incluindo 5 zonas urbanas (Taounate, Tissa, Karia Ba Mohammed, Ghafsai e Thar Es-Souk) e 10 zonas rurais (Bouhouda, Bni Oulid, Ain Mediouna, Khlalfa, Tafrant, Zrizer, Sidi El Makhfi, Ain Aicha, Galaz e Fericha). Os dados foram recolhidos através de entrevistas presenciais aleatórias em mercados semanais, discussões de grupo no terreno e utilizando um questionário semi-estruturado. A seleção dos municípios baseou-se em entrevistas com a população local, na literatura existente e na intenção de atingir um grande número de indígenas em toda a província. Um total de 422 participantes foi entrevistado após a obtenção do seu consentimento verbal, utilizando um questionário dividido em duas partes: a primeira parte tratava das caraterísticas sócio-demográficas (idade, género, nível de educação, ocupação, tipo de município e nome do município), enquanto a segunda parte incluía perguntas sobre o uso de plantas, métodos de uso, nomes vernaculares, partes de plantas usadas, doenças tratadas e dosagem.

c) Dados etnobotânicos quantitativos

i. Frequência relativa de citação (RCF)

O índice de Frequência Relativa de Citação tem sido usado para avaliar a importância do uso de plantas numa população específica (Tardío & Pardo-de-Santayana, 2008). É medido numa escala de 0 a 1, sendo que valores próximos de 0 indicam uma menor frequência de citação e, consequentemente, menor importância cultural. Por outro lado, valores próximos de 1 indicam maior frequência de citação e, consequentemente, maior importância cultural dentro da população. O índice FRC é calculado através da seguinte fórmula:

FRC = FC/N

FC: Número de informadores que mencionam a utilização da espécie X; N: Número total de informadores.

ii. Índice de importância cultural

O Índice de Importância Cultural (IC) é uma ferramenta valiosa para medir as variações de conhecimento entre diferentes comunidades e avaliar a importância de uma planta numa categoria de uso específica (Asseh *et al.*, 2019). Os valores obtidos com o índice IC fornecem uma medida quantificada da importância de cada categoria de uso num determinado ambiente. A fórmula utilizada para calcular este índice é a seguinte:

IC = UR/N

UR: O número de informadores que utilizam uma determinada espécie para uma categoria de utilização específica; N: Número total de informadores.

iii. Nível de lealdade

O Nível de Fidelidade (FL) foi desenvolvido por Friedman *et al*, (1986), e é uma ferramenta útil para medir a importância de usos específicos de uma planta numa determinada categoria de uso (Ong e Kim, 2014). Os valores obtidos com este índice variam de 0% a 100%. O índice é definido através da seguinte fórmula:

$$NF = (Ni/N) * 100$$

Ni: Número de informadores que citam uma utilização específica; N: Número total de informadores.

d) Análise de dados

Todos os dados recolhidos durante este inquérito etnobotânico foram transcritos e foi efectuada uma análise descritiva utilizando o Sphinx Plus 2-V5. Em seguida, utilizámos testes estatísticos para explorar e obter informações sobre os factores que influenciam a utilização da *Cannabis sativa* L. para fins terapêuticos.

Análise bivariada (Qui-quadrado): Este método foi utilizado para examinar as associações entre a utilização de *Cannabis sativa* L. para fins terapêuticos e cada uma das variáveis sócio-demográficas.

Análise de Regressão Logística Multivariada: O objetivo deste método foi determinar a forma como os factores sociodemográficos se combinavam para influenciar a utilização terapêutica da *Cannabis sativa* L. O seu contributo consistiu em destacar os factores mais significativos que afectam a utilização terapêutica da *Cannabis sativa* L., tendo em conta diversas variáveis em simultâneo.

Análise de Correspondência Múltipla (ACM): A ACM foi utilizada para compreender a tipologia dos utilizadores de *Cannabis sativa* L. para fins terapêuticos, tendo em conta todas as variáveis sócio-demográficas. Permitiu-nos criar uma representação gráfica das relações entre as variáveis e revelar associações e padrões não imediatamente evidentes nos dados brutos.

Análise multidimensional não métrica (nMDS): O objetivo desta análise era compreender as relações entre as doenças tratadas com *Cannabis sativa* L. e a localização geográfica. Permitiu-nos visualizar a forma como os diferentes tipos de doenças tratadas com *Cannabis sativa* L. estão relacionados com regiões geográficas específicas, proporcionando uma perspetiva espacial dos padrões de utilização terapêutica de canábis. Também testámos se as localidades rurais e urbanas diferiam em termos de doenças tratadas com *Cannabis sativa* L. utilizando uma análise de variância multivariada permutável (PERMANOVA) com um nível de significância de 0,05 e 999 permutações e com a função adonis2 no pacote R 'vegan' (Oksanen *et al.*, 2012).

IV. Resultados

a) Caraterísticas sócio-demográficas dos informadores

O inquérito envolveu entrevistas presenciais a um total de 422 indivíduos. Destes, 65,4% (276 de 422, dos quais 221 homens e 55 mulheres) referiram utilizar *Cannabis sativa* L. para vários fins. O quadro 1 apresenta uma panorâmica das caraterísticas sociodemográficas dos participantes que consomem *Cannabis sativa* L.

A idade dos participantes que utilizaram a planta variou entre os 15 e os 67 anos. As faixas etárias mais frequentes foram entre os 20 e os 40 anos (44,2%) e entre os 40 e os 60 anos (42,8%). Relativamente ao nível de escolaridade, mais de metade dos participantes não têm escolaridade (16,3%) e têm o ensino primário (40,6%). Em seguida, a percentagem diminui acentuadamente entre os participantes com o ensino secundário (34,8%) e o ensino universitário (8,3%). Além disso, 56,9% dos participantes eram oriundos de zonas rurais e 43,1% de zonas urbanas.

Variável	Subgrupo	Número	Percentagem
Género	Homens	221	77%
	Mulher	55	23%
Idade	<20	5	1.8 %
	20-40	122	44.2 %
	40-60	118	42.8 %
	>60	31	11.2 %
Nível de educação	Não inscrito	45	16.3 %
	Primário	112	40.6 %
	Secundário	96	34.8 %
	Universidade	23	8.3 %
Tipo de cidade	Urbano	119	43.1 %
	Rural	157	56.9 %

Tabela 1 Caraterísticas sócio-demográficas dos informadores que utilizam *Cannabis sativa* L.

b) Influência dos factores sociodemográficos na utilização *terapêutica* da *Cannabis sativa L.*

Os resultados da análise do teste do Qui-quadrado revelaram que tanto o género como o tipo de localidade têm um efeito de associação significativo na utilização terapêutica da

Cannabis sativa L., como mostram os respectivos resultados (p = 3,545 e-06) e (p = 4,843 e-06) (Quadro 2).

	Distribuição	Utilização terapêutica	Utilização não terapêutica	Chi-Carré χ^2	valor *p*
Idade	<20	3	16	6.67	0.1538
	20-40	76	113		
	40-60	73	98		
	>60	16	27		
Género	Homens	149	176	20.41	$^{-06}$3,545 e *
	Mulher	19	78		
Nível de educação	Não inscrito	27	44	1.30	0.7291
	Primário	68	99		
	Secundário	63	89		
	Universidade	10	22		
Tipo de cidade	Rural	82	180	20.89	$^{-06}$4,843 e *
	Urbano	86	74		

Tabela 2 Influência dos factores sociodemográficos na utilização terapêutica *da Cannabis sativa* L.

Além disso, os resultados da análise de regressão logística multivariada revelaram que as mulheres tinham probabilidades significativamente mais baixas em comparação com os homens, que serviram como categoria de referência, conforme indicado por um odds ratio de 0,2 (IC 95%: [0,14, 0,44]) e um valor de p inferior a 0,01, o que significa uma diferença altamente significativa. Além disso, nossos resultados indicaram uma associação significativa entre morar em áreas urbanas e o uso terapêutico de *Cannabis sativa* L. (odds ratio 2,69, p-valor < 0,001) (Figura 8).

Variable		N	Odds ratio		p
Sex	Men	325		Reference	
	Women	97		0.25 (0.14, 0.44)	<0.001
Type.of.locality	Rural	262		Reference	
	Urban	160		2.69 (1.76, 4.16)	<0.001
Educational.level	Primary	167		Reference	
	Secondary	152		1.06 (0.65, 1.73)	0.81
	University	32		0.68 (0.28, 1.59)	0.39
	Unschooled	71		0.77 (0.41, 1.41)	0.40
Age	<20	19		Reference	
	>60	43		2.97 (0.77, 14.90)	0.14
	20-40	189		3.31 (1.01, 14.94)	0.07
	40-60	171		3.70 (1.13, 16.73)	0.05

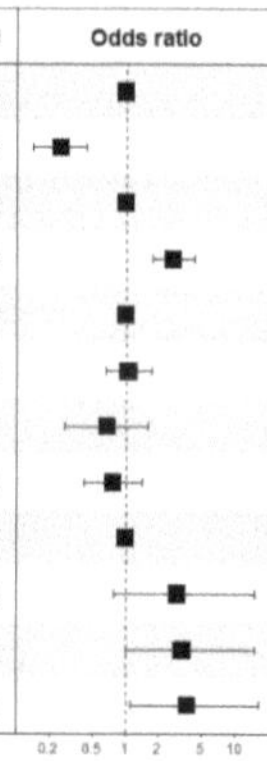

Figura 8 Análise de regressão logística múltipla dos factores sociodemográficos e da utilização terapêutica de *Cannabis sativa* L.

Análise das variáveis sociodemográficas e da utilização terapêutica ou não terapêutica dos inquiridos através da análise de correspondência múltipla (ACM) A análise de correspondência múltipla (ACM) das diferentes variáveis mostrou que as duas dimensões, por si só, absorvem 29,7% da inércia total (Figura 9) . Este facto permite-nos classificar todas as modalidades em três grupos distintos.

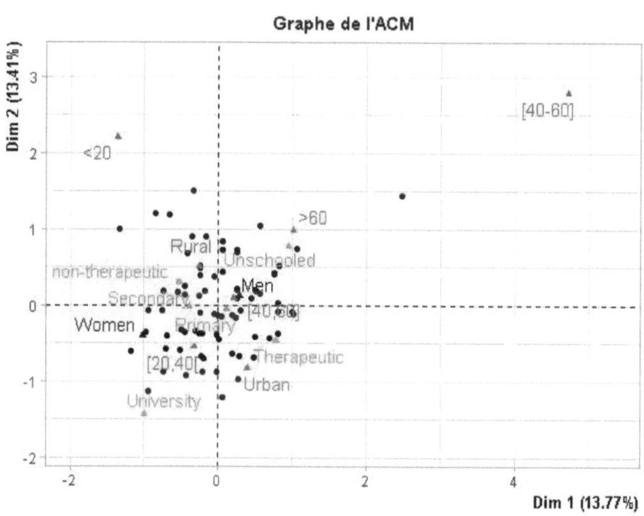

Figura 9 Visualização da Análise de Correspondência Múltipla (ACM)

O grupo 1 é constituído por pessoas que vivem em zonas rurais e não utilizam *a Cannabis sativa* L. para fins terapêuticos. Este grupo é constituído maioritariamente por mulheres com menos de 20 anos e com pouca educação formal. Inclui também indivíduos com mais de 60 anos, maioritariamente homens residentes em zonas urbanas, que utilizam *a Cannabis sativa* L. para fins terapêuticos.

Os resultados do grupo 2 evidenciam algumas tendências notáveis na utilização da *Cannabis sativa* L. para fins terapêuticos. A análise revela que a maioria dos utilizadores é do sexo masculino e que tendem a viver em zonas urbanas. A faixa etária mais frequentemente associada à utilização terapêutica de *Cannabis sativa* L. situa-se entre os 40 e os 60 anos, seguida da faixa etária dos 20 aos 40 anos. Em contrapartida, os indivíduos com menos de 20 anos e com mais de 60 anos estão menos representados na população de utilizadores terapêuticos de *Cannabis sativa* L. Além disso, uma proporção significativa de mulheres pertence à categoria de não utilizadores.

O Grupo 3 revela tendências significativas em termos de idade, educação e género dos participantes. É notória a representação de indivíduos com mais de 60 anos e sem educação formal, com homens e mulheres incluídos nestas categorias. Por outro lado, os participantes com o ensino secundário também fazem parte do estudo, apresentando uma distribuição substancial nos grupos etários dos 40-60 e 20-40 anos.

c) Nomes comuns

Na região estudada, os informadores referiram que "l'kîf" era utilizado principalmente para fins psicotrópicos e "qanneb" para uso têxtil, como nomes vernáculos para a espécie *Cannabis sativa* L.

d) Categorias de utilização

O nosso inquérito revelou quatro categorias de aplicações de canábis comunicadas pelos participantes. Destas, a categoria mais frequentemente mencionada foi a dos cosméticos (utilizados para o cabelo, unhas e pele), com 39%. Seguiu-se a categoria terapêutica (utilizada para tratar doenças humanas), com 32,6%, seguida da categoria de alimentação animal, com 27,4%, e da categoria têxtil (utilizada para fazer cordas), com apenas 1% (Figura 10).

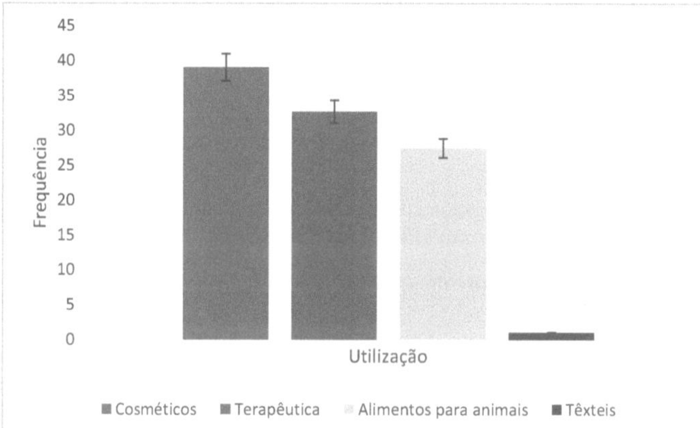

Figura 10 Categorias de utilização de *Cannabis sativa* L. na província de Taounate

e) Doenças tratadas pela *Cannabis sativa* L.

O inquérito revelou que a canábis foi utilizada como tratamento para 11 doenças diferentes. Estes tratamentos baseavam-se principalmente em recomendações de conhecidos, familiares, ervanários ou dos próprios. Os resultados revelaram que 156 inquiridos (50,8%) mencionaram a utilização de canábis para tratar a Cham. Esta doença pouco documentada afecta crianças com idades compreendidas entre os 6 e os 12 meses e caracteriza-se por sintomas como inchaço da cabeça, diarreia e choro incessante. De acordo com os participantes, esta doença é geralmente provocada por um cheiro forte ou por magia. Além disso, 34 (11,1%) inquiridos referiram a sua utilização para a diabetes, 25 (8,1%) para ferimentos, 24 (7,8%) para dores, 21 (6,8%) para ansiedade, 17 (5,5%) para a insónia, 9 (2,9%) para o cancro, 8 (2,9%) para dores de cabeça, 6 (2%) para perturbações do estômago, 5 (1,6%) para tonturas e 2 (0,7%) para glaucoma (Figura 11).

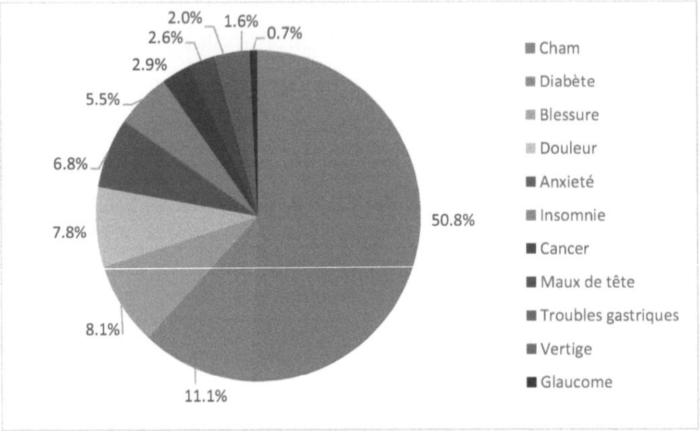

Figura 11 Doenças tratadas pelos informantes que utilizam *a Cannabis sativa* L. como planta medicinal.

f) Análise da dissimilaridade da amostra por categoria de doença nas zonas rurais e urbanas

O gráfico de multidimensionalidade sem métrica (nMDS) na Figura 12B revela padrões distintos que são fundamentais para a nossa compreensão das relações entre os tipos de doenças tratadas com *Cannabis sativa* L. e a localidade geográfica.

O diagrama de Shepard (revela uma correlação significativa entre as distâncias observadas e as distâncias calculadas por ordenação, com um coeficiente de determinação R2 superior a 0,99. Esta correlação elevada atesta a fiabilidade do ajustamento efectuado pelo método NMDS. Além disso, o baixo valor de stress, medido em apenas 0,07, também confirma a elevada qualidade do ajuste NMDS (ver **Figura 12A**). Esta combinação de resultados realça a pertinência da representação bidimensional das semelhanças entre objectos na análise, bem como a robustez do método utilizado neste estudo.

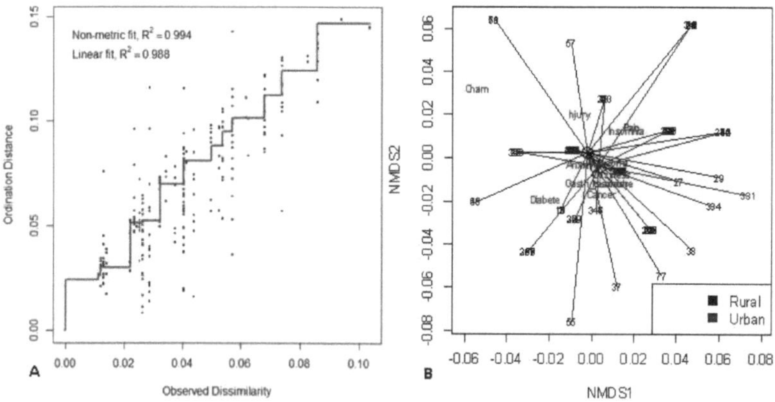

Figura 12 (A) Diagrama de tensão de Shepard. Relação entre a distância de ordenação NMDS e a distância original observada. (B) Gráfico de escalonamento multidimensional não métrico (NMDS) baseado em Bray-Curtis.

As dissimilaridades eram claramente evidentes no gráfico de escalonamento multidimensional não métrico (NMDS), como mostra a Figura 6B. As amostras não mostraram uma separação distinta consoante as doenças tratadas com *Cannabis sativa* L. ou o tipo de localidade. De facto, os pontos que representam as doenças tratadas com Cannabis sativa L. encontram-se uniformemente dispersos pelo gráfico, afastando-se do centroide da elipse que delimita os dois tipos de localidade, rural e urbana. Estes resultados sugerem a ausência de qualquer relação significativa entre as doenças tratadas e o tipo de localidade geográfica na análise NMDS, indicando a ausência de qualquer agrupamento ou tendência significativa na distribuição das amostras de acordo com estes factores.

Perante os resultados visualmente sugestivos do gráfico nMDS, torna-se evidente a necessidade imperiosa de uma validação estatística rigorosa da nossa hipótese. Para o efeito, a nossa análise PERMANOVA revelou que não existiam diferenças significativas nas doenças tratadas com *Cannabis sativa* L. entre as localidades rurais e urbanas estudadas (F = 2,564; p = 0,055).

g) Parte(s) da planta utilizada(s), método(s) de preparação e administração

As partes da planta mais utilizadas foram as folhas e flores (46,4%), seguidas das sementes (7,2%). Entre os informantes, 86,5% das partes da planta utilizadas eram secas e 13,5% eram frescas (Figura 13).

No estudo atual, a fumagem foi o método de preparação mais comum (83,1%), seguido da utilização de óleo vegetal (13,9%) e de pó (3%) (Figura 14). Por exemplo, o ato de fumar as folhas e/ou flores de *Cannabis sativa* L. tem sido sugerido para o tratamento de Cham (Tabela 3). A via de administração mais comum foi a inalação (83,1%), seguida da aplicação tópica de óleo (13,9%) e da administração oral (3%).

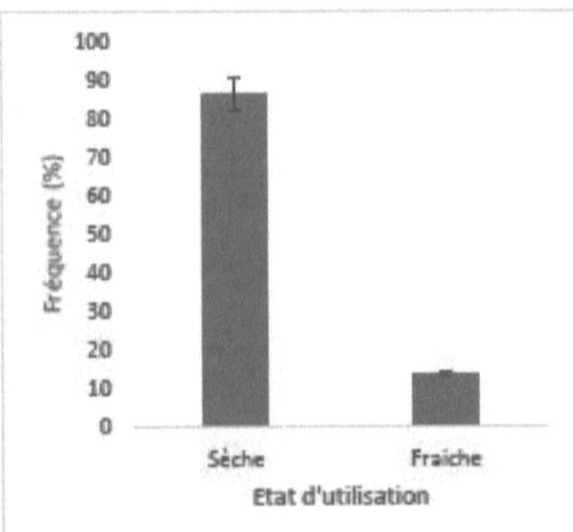

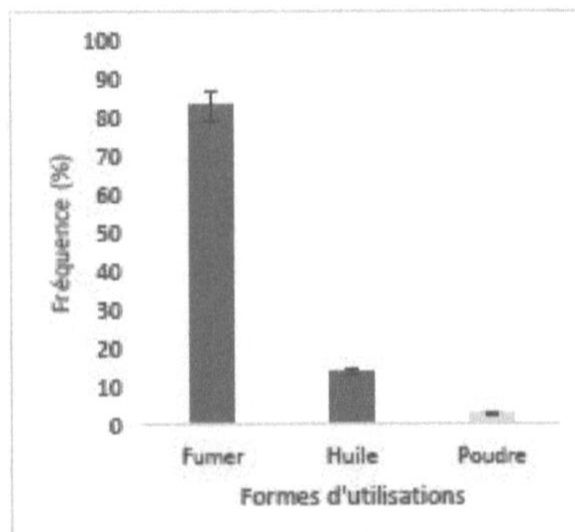

Figura 13 Estado das partes de plantas utilizadas pelos informadores

Figura 14 Métodos de consumo referidos pelos informadores.

Tabela 3 Partes da planta *Cannabis sativa* L. utilizadas pela população local na província de Taounate.

Partes da planta	Modo de preparação/administração	Doenças tratadas
Folhas/Flores	Fumado com ou sem folhas de *Nicotiana tabacum* utilizando um sebsi com uma tigela de barro estreita chamada "Shqaf", que	Cham; diabetes; dor; ansiedade; insónia; cancro; dor de cabeça; vertigem; glaucoma.

	representa aproximadamente 25 mg; inalado.	
Folhas/Flores	Um pequeno punhado de pó misturado com mel puro e *Trigonella foenumaraecum*; tomado por via oral.	Doenças gastrointestinais
Sementes	Óleo misturado com ou sem azeite; aplicação tópica	Lesões

h) Dosagem

Neste inquérito, a maioria dos informadores utilizou *a Cannabis sativa* L. como planta medicinal sem uma dose específica. De facto, os resultados mostraram que fumar folhas *de Cannabis sativa* L. misturadas com folhas *de Nicotiana tabacum* e soprá-las sobre o doente 3 a 5 vezes cura a cham. Além disso, uma ou duas colheres são utilizadas para tratar perturbações gástricas. A duração da utilização da *Cannabis sativa* L. como planta medicinal pela população local não foi especificada. De acordo com a população inquirida, não foram comunicados quaisquer efeitos adversos.

i) Análise quantitativa

Neste estudo, os valores de RFC para a Cannabis sativa L. na província de Taounate foram de 0,65. Este valor mostra que mais de 50% da população local utiliza a planta para fins terapêuticos, cosméticos, alimentares ou têxteis. Entre as categorias de utilização, a cosmética teve o valor mais elevado de CI de 0,48, seguida da terapêutica com um CI de 0,40, enquanto a alimentação animal teve um CI de 0,33 e os têxteis um CI de 0,01 (Quadro 4).

Categoria de utilização	Índice de Importância Cultural (IC)
Cosméticos	0.48
Terapêutica	0.40
Alimentos para animais	0.33
Têxteis	0.01

Tabela 4 Índice de Importância das Culturas para *Cannabis sativa* L. nas diferentes localidades visitadas.

Os nossos resultados mostram que a planta da Cannabis é utilizada para tratar 11 categorias diferentes de doenças. Entre estas categorias, o tratamento da Cham foi associado a um nível de fidelidade muito elevado, com um valor notável de 92,9%. A diabetes foi a categoria seguinte mais notável, com um nível de conformidade de 20,2%, seguida das lesões com 14,9% e da dor com 14,3% (quadro 5). Estes resultados realçam a perceção da eficácia da planta da canábis no tratamento destas doenças específicas, segundo os inquiridos.

Tabela 5 Percentagem de conformidade com a doença tratada com *Cannabis sativa* L.

Doenças	Número de citações	Nível de fidelidade (NF)
Cham	156	92.9 %
Diabetes	34	20.2 %
Lesões	25	14.9 %
Dor	24	14.3 %
Ansiedade	21	12.5 %
Insónia	17	10.1 %
Cancro	9	5.3 %
Dores de cabeça	8	4.8 %
Perturbações gastrointestinais	6	3.6 %
Vertigem	5	3%
Glaucoma	2	1.2 %

V. Discussão

No nosso inquérito, os resultados sociodemográficos mostraram que a idade de todos os participantes se situava entre os 15 e os 67 anos, e o grupo mais representado foi o dos 20 aos 40 anos (44,2%), seguido do dos 40 aos 60 anos (42,8%). As pessoas mais velhas parecem ter melhores conhecimentos do que os outros grupos etários, como relatado por Bouarfa *et al*, (2020) na província de Taounate e Skalli *et al*, (2019), bem como Barkaoui *et al*, (2022) em várias províncias de Marrocos. Foi observada uma associação significativa entre o género e o uso terapêutico da canábis, com os homens a mostrarem um melhor conhecimento da canábis do que as mulheres, tal como relatado por Bouarfa *et al*, (2020) e Merzouki e Molero Mesa (1999), em contraste com o que pode ser encontrado na maioria dos inquéritos de outras espécies, tal como relatado por Sekkat *et al*, (2023). Isto pode dever-se ao facto de os homens utilizarem esta planta com mais frequência, principalmente para fins psicotrópicos, bem como para outras utilizações.

No que respeita ao nível de escolaridade, os dados revelaram que 50% dos informadores não tinham escolaridade ou tinham o ensino primário. Isto significa que o consumo de cannabis é mais comum entre as pessoas que não frequentaram a escola ou que têm o ensino primário, o que pode sugerir que têm mais conhecimentos sobre os seus usos. Estes resultados são semelhantes aos relatados por Kachmar *et al*, (2021) na região provincial de Taza, e Benkhaira *et al*, (2021) na mesma província do nosso estudo. Além disso, não foi observada uma associação significativa entre o nível de educação dos informantes e o seu conhecimento terapêutico da planta. Além disso, o estudo destacou o uso enfático de plantas medicinais nas áreas rurais em comparação com as áreas urbanas, com uma taxa de prevalência de 56,9%. No entanto, as zonas urbanas registaram uma relação significativa com o uso terapêutico da canábis. Este facto pode ser atribuído ao êxodo rural que começou na década de 1970 e continua até hoje, com 152 000 migrantes por ano, de acordo com o HCP (2023), levando consigo os seus conhecimentos das zonas rurais para as zonas urbanas.

Nos usos tradicionais, *a Cannabis sativa* L. pode ser utilizada em vários sectores, como o fabrico de ferramentas (vestuário, corda e papel), cosméticos, medicamentos, alimentação humana e animal (Hourfane *et al.*, 2023; Chaachouay *et al.*, 2022). Segundo Bellakhdar (1997), os marroquinos utilizam a cannabis desde 1800, principalmente pelas suas propriedades psicoactivas e terapêuticas. O nosso estudo mostrou que os cosméticos e os medicamentos eram os principais sectores que utilizavam *a Cannabis sativa* L. na província de Taounate, representando mais de 71,6%. Além disso, o teste do Qui-quadrado mostrou uma correlação significativa entre a utilização terapêutica da *Cannabis sativa* L. e as variáveis género e tipo de localidade. A análise multivariada indicou que homens e indivíduos residentes em localidades urbanas apresentaram uma associação altamente significativa com o uso de cannabis para fins terapêuticos em comparação com mulheres e indivíduos residentes em localidades rurais. Estes resultados são confirmados por Dalli *et al* (2023) e Bellakhdar (1997).

O valor do RFC para a canábis na província de Taounate foi de 0,65, o que significa que mais de 50% da população local tem conhecimento dos usos tradicionais da canábis. Entre estas diferentes utilizações, a utilização terapêutica foi apresentada por um valor de índice cultural de 40%. As propriedades terapêuticas da planta foram demonstradas experimentalmente por vários estudos in vitro e in vivo (Haddou *et al.*, 2023; Kim *et al.*, 2023; Breijyeh *et al.*, 2021). O nosso inquérito registou 11 doenças tratadas com canábis. Entre elas, a cham foi a doença mais citada como tratada pela cannabis na população local, conforme indicado por sua frequência de uso significativamente alta e valor de FL. Além disso, não foi observada uma relação significativa entre as doenças tratadas e a localidade geográfica. Noutro estudo etnobotânico realizado por Bouarfa *et al* (2020) na província de Taounate, a cham também encabeçou a lista. Outros estudos realizados por Amrati *et al*, (2021) entre comunidades que vivem em áreas montanhosas da região de Fès-Meknès, e por Benali *et al*, (2017) na província de Guercif (nordeste de Marrocos) relataram que esta planta é utilizada para tratar o cancro. Na região de Moulay Yacoub e na província de Taounate, a planta é também consumida para tratar doenças de pele (El Khomsi *et al.*, 2022; El-Hilaly *et al.*, 2003).

O uso de folhas e flores foi relatado como as partes mais comumente usadas de *Cannabis sativa* L. (46,4%), seguido de sementes (7,2%). A utilização de folhas e flores é explicada pelo facto de a sua composição apresentar uma variedade de metabolitos secundários, como canabinóides, terpenóides e flavonóides (Judžentienė *et al.*, 2023; Chaachouay *et al.*, 2022). De facto, a utilização de folhas pode ser explicada pela facilidade de colheita e pela simplicidade da preparação de remédios à base de plantas (Benkhaira *et al.*, 2021; El-Assri *et al.*, 2021). No que diz respeito ao método de preparação, a fumagem foi mais utilizada pelos informantes devido ao seu maior conhecimento deste método. Esta observação está de acordo com Balant *et al.* (2021), que indicam que fumar é a forma mais utilizada de consumir canábis.

Além disso, o método de administração mais utilizado pelos informantes no nosso inquérito foi a inalação, tal como mencionado por Bouarfa *et al.*, (2020). Este método é preferido pelos informantes devido à rápida absorção dos ingredientes ativos através da inalação, resultando num início relativamente rápido dos efeitos em poucos minutos (Bridgeman & Abazia, 2017). A combustão da canábis aumenta a concentração de Δ9-tetra-hidrocanabinol (THC) inalado através da descarboxilação do ácido Δ9-tetra-hidrocanabinólico (THCA) (Gigopulu *et al.*, 2022). Em contrapartida, a canábis administrada por via oral não produz efeitos durante 30 minutos a 2 horas devido à absorção do THC pelo intestino e ao seu transporte para o fígado, de acordo com o relatório da Academia Nacional das Ciências sobre os efeitos da canábis e dos canabinóides na saúde.

A duração do tratamento com *Cannabis sativa* L. entre os informadores não foi especificada, o que indica que pode variar de um dia a várias semanas ou mesmo anos. Além disso, a dose de canábis não foi especificada pelos informadores. Infelizmente, as doses não especificadas de plantas medicinais podem provocar efeitos indesejáveis, uma vez que algumas espécies de plantas se tornam tóxicas se forem utilizadas incorretamente (El-Assri *et al.*, 2021). A eficácia da canábis no tratamento das doenças mencionadas tem de ser investigada mais aprofundadamente através de estudos de investigação. Esses estudos forneceriam mais provas para confirmar o potencial terapêutico desta planta para vários problemas de saúde.

Este estudo foi efectuado apenas na região de Taounate e durante um curto período. Para obter melhores resultados, seria necessário um período mais longo, acrescentando outras localidades e regiões que cumpram a lei 13.21. O estudo salienta o potencial da *Cannabis sativa* L. como fonte de medicamentos para várias doenças, o que justifica a continuação da investigação pré-clínica e clínica. No entanto, é importante reconhecer os desafios enfrentados na recolha de dados devido à relutância de muitos indivíduos em partilhar os seus conhecimentos. Esta relutância pode resultar do receio das autoridades ou da confusão quanto às intenções dos investigadores.

VI. Conclusão

O presente inquérito representa um dos poucos estudos centrados no conhecimento etnofarmacológico dos informadores da província de Taounate que utilizam *a Cannabis sativa* L. como planta medicinal. Estes participantes forneceram informações pormenorizadas sobre os usos da canábis, nomes vernáculos, doenças tratadas, partes da planta utilizadas, métodos de preparação e administração.

Os resultados revelaram que 32,6% dos informantes faziam uso terapêutico dessa planta para tratar 11 doenças diferentes. No que diz respeito à relação entre as variáveis sociodemográficas e o uso terapêutico pela população, foram observadas caraterísticas comuns: homens com idade entre 20 e 40 anos, com ensino médio e residentes em área urbana.

Na sequência da legalização da canábis para fins industriais, farmacêuticos e cosméticos, que tinha sido proibida de 1953 a 2021, deparámo-nos com alguns desafios neste inquérito. Alguns participantes mostraram-se relutantes em responder devido a preocupações com as autoridades. Além disso, são necessários mais inquéritos para alargar o âmbito a outras regiões, tal como permitido pela Lei 13.21.

VII. Referências

Agência Urbana de Taza. 2017. Plano de desenvolvimento da cidade de Taounate. https://www.autaza.ma/DocumentsAUT/DocumentsUrbanisme/TAOUNATE/note-presentation-.pdf. (Acedido em 06/11/2023).

Amrati FEZ, Bourhia M, Slighoua M, Salamatullah AM, Alzahrani A, Ullah R, Bari A, Bousta D. 2021. Conhecimento medicinal tradicional de plantas utilizadas para o tratamento do cancro por comunidades de áreas montanhosas de Fez-Meknes-Marrocos. Saudi Pharmaceutical Journal 29 (10): 1185-1204. https://doi.org/10.1016/j.jsps.2021.09.005.

André, Christelle M., Jean-Francois Hausman e Gea Guerriero. 2016. "Cannabis Sativa: A planta das mil e uma moléculas". *Frontiers in Plant Science* 7 (fevereiro). https://doi.org/10.3389/fpls.2016.00019.

Asiimwe, John Baptist, Prakash B. Nagendrappa, Esther C. Atukunda, Ivan Kahwa, Lina S. Mathew Alonga, Clement O. Ajayi, Casim U. Tolo, Patrick E. Ogwang, e Maud M. Kamatenesi. 2023. "Levantamento etnobotânico de plantas medicinais usadas no tratamento do câncer em Uganda". *Journal of Herbal Medicine* 42 (dezembro): 100808. https://doi.org/10.1016/j.hermed.2023.100808.

Asseh EE, Yao K, Ake-Assi E. 2019. Diversidade e conhecimento etnobotânico de espécies da família Acanthaceae da Reserva Natural Parcial de Dahliafleur, Costa do Marfim. Revista Científica Europeia 15. https://doi.org/10.19044/esj.2019.v15n9p444.

Bachir F, Eddouks M, Arahou M, Fekhaouui M. 2022. Origin, Early History, Cultivation, and Characteristics of the Traditional Varieties of Moroccan *Cannabis Sativa L.* Cannabis and Cannabinoid Research 7 (5): 603-15. https://doi.org/10.1089/can.2021.0020.

Balafrej, T., Skalli, S., Benaich, S., Bessi, A., El Mekkaoui, A., Boukour, B., ... & Hassikou, R. (2024). Um levantamento etnobotânico sobre o uso terapêutico de Cannabis sativa L. na província de Taounate, Marrocos. *Ethnobotany Research and Applications*, *28*, 1-14.

Balant M, Gras A, Ruz M, Valles J, Vitales D, Garnatje T. 2021. Usos tradicionais da Cannabis: uma análise do banco de dados CANNUSE. Journal of Ethnopharmacology 279: 114362. https://doi.org/10.1016/j.jep.2021.114362.

Benali T, Khabbach A, Ennabili A, Hammani K. 2017. Prospeção etnofarmacológica de plantas medicinais da província de Guercif (NE de Marrocos). Jornal Marroquino de Biologia 14(14): 1-14.

Benkhaira N, Ech-Chibani N, Fikri-Benbrahim K. 2021. Levantamento etnobotânico sobre o uso medicinal de duas plantas medicinais comuns na região de Taounate: Artemisia Herba-Alba Asso e Ormenis Mixta (L.) Dumort. Ethnobotany Research and Applications 22: 1-19.

BENNIS, Soukaina, Majda HEDDATE e Amal Ait Haj Said. 2023. "Situação atual da regulamentação da cannabis em Marrocos. *World Journal of Biology Pharmacy and Health Sciences* 15 (agosto): 151-56. https://doi.org/10.30574/wjbphs.2023.15.2.0350.

Blickman T. 2017. Marrocos e Cannabis. Redução, contenção ou aceitação." Drug Policy Briefing. Pobrane z: https://www. researchgate. net/publication/316104129_Morocco_and_Cannabis_Reduction_containment_or_acceptance. Breijyeh, Z, Jubeh, B, Bufo SA, Karaman R, Scrano L. 2021. Cannabis: Uma Planta Produtora de Toxinas com Potenciais Usos Terapêuticos. Toxins 13 (2): 117. https://doi.org/10.3390/toxins13020117.

Bonini, Sara Anna, Marika Premoli, Simone Tambaro, Amit Kumar, Giuseppina Maccarinelli, Maurizio Memo e Andrea Mastinu. 2018. "Cannabis Sativa: uma revisão etnofarmacológica abrangente de uma planta medicinal com uma longa história". *Journal of Ethnopharmacology* 227 (dezembro): 300-315. https://doi.org/10.1016/j.jep.2018.09.004.

Bouarfa M, Lebtar S, Boukhira S, Bousta D. 2020. Uma pesquisa etnobotânica e etnofarmacológica de *Cannabis sativa* da região de Taounate, no norte de Marrocos. Revista Internacional de Revisão e Pesquisa em Ciências Farmacêuticas. Vol. 64. https://doi.org/10.47583/ijpsrr.2020.v64i02.019.

Bouloc P. Le chanvre industriel: production et utilisations. Paris: France agricole. 2006.

Budney, Alan J., Michael J. Sofis, e Jacob T. Borodovsky. 2019. "Uma atualização sobre o transtorno do uso de cannabis com comentários sobre o impacto da política relacionada ao uso terapêutico e recreativo de cannabis." *Arquivos europeus de psiquiatria e neurociência clínica* 269 (1): 73-86. https://doi.org/10.1007/s00406-018-0976-1.

Boletim Oficial. 2015. Décret n°2-15-40 du 1er Joumada I 1436 fixant le nombre de régions, leurs dénominations, leurs chefs-lieux ainsi que les préfectures et provinces qui les composent .https://knowledge-uclga.org/IMG/pdf/decret_no2-15-40_du_1er_joumada_i_1436_20_fevrier_2015_fixant_le_nombre_des_regions_leurs_denominations_leurs_chefs-lieux_ainsi_que_les_prefectures_et_provinces_qui_les_composent_bo_no6340_du_5_mars_2015_.pdf. (acedido em 15/03/2023).

Boletim Oficial. 2021. Dahir n° 1-21-59 du 3 hija 1442 (14 July 2021) portant promulgation de la loi n° 13-21 relative aux usages licites du cannabis. https://adala.justice.gov.ma/reference/adala_v2/fr/b84cde79-9764-4660-b18d-22ac945751d1.pdf. (acedido em 06/11/2023).

CABI. Commonwealth Agricultural Bureau International. Cannabis sativa (cânhamo). [Online]. https://www.cabi.org/isc/datasheet/14497#toDistributionMaps. Acedido em 07/03/2022

Chaachouay N, Azeroual A, Bencharki B, Douira, A, Zidane L. 2022. *Cannabis sativa* L.: Uma Revisão sobre Usos Tradicionais, Botânica, Fitoquímica e Aspectos Farmacológicos. Traditional and Integrative Medicine 8: 97-116. https://doi.org/10.18502/tim.v8i1.12407.

Clarke, Robert Connell, e Mark David Merlin. 2013. *Cannabis: evolução e etnobotânica.* Berkeley: University of California Press.

Collins, John. 2020. "Uma breve história da cannabis e das convenções sobre drogas". *AJIL Unbound* 114: 279-84. https://doi.org/10.1017/aju.2020.55.

Crocq, Marc-Antoine. 2020. "História da Cannabis e do Sistema Endocanabinóide". *Dialogues in Clinical Neuroscience* 22 (3): 223-28. https://doi.org/10.31887/DCNS.2020.22.3/mcrocq.

Dalli M, Azizi SE, Azghar A, Saddari A, Benaissa E, Lahlou YB, Elouennass M, Maleb A. 2023. *Cannabis Sativa* L.: A Comprehensive Review on Legislation, Decriminalization, Phytochemistry, Antimicrobial Activity, and Safety. Journal of Food and Drug Analysis 31 (3): 408-35. https://doi.org/10.38212/2224-6614.3471.

Dr. G.O. Ayenigbara, Dr. G.O. Ayenigbara. 2012. "Utilidade médica da Cannabis Sativa". *IOSR Journal of Pharmacy (IOSRPHR)* 2 (3): 460-63. https://doi.org/10.9790/3013-0230460463.

El Khomsi M, Dandani Y, Chaachouay N, Hmouni D. 2022. Estudo etnobotânico de plantas utilizadas para fins medicinais, cosméticos e alimentares na região de Moulay Yacoub, Nordeste de Marrocos. Journal of Pharmacy & Pharmacognosy Research 10 (1): 13-29. https://doi.org/10.56499/jppres21.1084_10.1.13.

El-Assri EM, El Barnossi A, Chebaibi M, Hmamou A, El Asmi H, Bouia A, Eloutassi N. 2021. Levantamento etnobotânico de plantas medicinais em Taounate, Pré-Rif de Marrocos. Ethnobotany Research and Applications 22. https://doi.org/10.32859/era.22.36.1-23.

El-Hilaly J, Hmammouchi M, Lyoussi B. 2003. Ethnobotanical Studies and Economic Evaluation of Medicinal Plants in Taounate Province (Northern Morocco). Journal of Ethnopharmacology 86 (2-3): 149-58. https://doi.org/10.1016/S0378-8741(03)00012-6.

ElSohly M-A., Radwan M-M, Gul W, Chandra S, Galal A. Fitoquímica de Cannabis Sativa L. Phytocannabinoids. 2017;103:-136. https://doi.org/10.1007/978-3-319-45541-9_1

Farag S, Kayser O. 2017. A planta da cannabis: aspectos botânicos. In Handbook of Cannabis and Related Pathologies: Biology, Pharmacology, Diagnosis, and Treatment 3-12. https://doi.org/10.1016/B978-0-12-800756-3.00001-6.

Farinon B, Molinari R, Costantini L, Merendino N. A Semente de Cânhamo Industrial (Cannabis Sativa L.): Nutritional Quality and Potential Functionality for Human Health and Nutrition [Qualidade nutricional e potencial funcionalidade para a saúde e nutrição humanas]. Nutrientes. 2020;12 (7): 1935. https://doi.org/10.3390/nu12071935.

Friedman J, Yaniv Z, Dafni A, Palewitch D. 1986. A Preliminary Classification of the Healing Potential of Medicinal Plants, Based on a Rational Analysis of an Ethnopharmacological Field Survey among Bedouins in the Negev Desert, Israel. Journal of Ethnopharmacology 16 (2-3): 275-87. https://doi.org/10.1016/0378-8741(86)90094-2.

Gigopulu O, Geskovski N, Stefkov G, Makreski P. 2022. Conversão de THCA→ THC e sua importância para a estabilidade e qualidade do material herbáceo. Boletim farmacêutico da Macedónia, 68 (Suppl 2) 111 - 112. DOI: 10.33320/maced.pharm.bull.2022.68.04.049

Haddou, S, Mounime K, Loukili E, Ou-Yahia D, Hbika A, Yahyaoui Idrissi M, Legssyer A, Lgaz H, Asehraou A, Touzani R, Hammouti B, Chahine A. 2023. Investigação das actividades biológicas dos extractos de sementes de *Cannabis Sativa* L de Marrocos:

Efeitos antimicrobianos, anti-inflamatórios e antioxidantes com análise de ancoragem molecular. Moroccan Journal of Chemistry Vol 11: 1116-1136. https://doi.org/10.48317/IMIST.PRSM/MORJCHEM-V11I04.42100.

Hamarneh, Sami. 1972. "FARMÁCIA NO ISLÃO MEDIEVAL E A HISTÓRIA DA TOXICODEPENDÊNCIA". Medical History 16 (3): 226-37. https://doi.org/10.1017/S0025727300017725.

Hartsel, Joshua A., Joshua Eades, Brian Hickory e Alexandros Makriyannis. 2016. "Cannabis Sativa e Cânhamo". Em *Nutraceuticals*, 735-54. Elsevier. https://doi.org/10.1016/B978-0-12-802147-7.00053-X.

Alto Comissariado do Plano (HCP). 2023. Les migrants ruraux au Maroc : une confirmation de la féminisation de l'exode et une sélection des jeunes les plus entreprenants. https://www.hcp.ma/file/236167/. (Acedido em 22/01/2024)

Hourfane S, Mechqoq H, Bekkali AY, Rocha JM, El Aouad N. 2023. Uma Revisão Abrangente sobre Etnobotânica, Fitoquímica, Docagem Molecular e Actividades Biológicas da *Cannabis Sativa.* Plants 12 (6): 1245. https://doi.org/10.3390/plants12061245.

Ibijbijen J, Daoudi A, Bammou M, Zarkani S, Slimani I, Nassiri L. 2016. Estudo etnobotânico da flora medicinal na comuna rural da província de Aguelmouss de Khénifra (Marrocos). Phytotherapie 14: 220-28. https://doi.org/10.1007/s10298-015-0953-z.

Jan HA, Mir TA, Bussmann RW, Jan M, Hanif U, Wali S. 2023. Cross-Cultural Ethnomedicinal Study of the Wild Species of the Genus Berberis Used by the Ethnic Communities Living along Both Sides of the Indo-Pak Border in Kashmir. Ethnobotany Research and Applications 26: 1-14.

Judžentienė A, Garjonytė R, Būdienė J. 2023. Composição Fitoquímica e Atividade Antioxidante de Vários Extratos de Cânhamo de Fibra (*Cannabis Sativa* L.) Cultivados na Lituânia. Molecules 28 (13): 4928. https://doi.org/10.3390/molecules28134928.

Kachmar MR, Naceiri Mrabti H, Bellahmar M, Ouahbi A, Haloui Z, El Badaoui K, Bouyahya A, Chakir S. 2021. Conhecimento Tradicional de Plantas Medicinais Utilizadas na Parte Nordeste de Marrocos. Medicina Complementar e Alternativa Baseada em Evidências. https://doi.org/10.1155/2021/6002949.

Kaushal, S. (2012). Estudo etnobotânico e levantamento socioeconómico da Cannabis sativa. *Jornal Indiano de Ciências Vegetais*, *1*(1), 114-119.

Kim J, Choi P, Park YT, Kim T, Ham J, Kim JC. 2023. Os canabinóides, CBDA e THCA, resgatam déficits de memória e reduzem a patologia de Amyloid-Beta e Tau em um modelo de camundongo semelhante à doença de Alzheimer. International Journal of Molecular Sciences 24 (7): 6827. https://doi.org/10.3390/ijms24076827.

Lapierre, Éliana, Adrian S. Monthony e Davoud Torkamaneh. 2023. "Taxonomia baseada na genómica para clarificar a classificação da cannabis". *Genome* 66 (8): 202-11. https://doi.org/10.1139/gen-2023-0005.

Li, Hui-Lin. 1974. "A origem e utilização da cannabis na Ásia Oriental - implicações linguístico-culturais". *Economic Botany* 28 (3): 293-301. https://doi.org/10.1007/BF02861426

Liu, Fei-Hu, H.-R Hu, G.-H Du, Gaoju Deng e Y. Yang. 2017. "Investigação etnobotânica sobre a origem, cultivo, distribuição e utilização do cânhamo (Cannabis sativa L.) na China" 16 (abril): 235-42.

Mahdizadeh, Shahla, Maryam Khaleghi Ghadiri e Ali Gorji. 2015. "Cânone de Medicina de Avicena: uma revisão de analgésicos e substâncias antiinflamatórias". *Avicenna Journal of Phytomedicine* 5 (3): 182-202.

Mbuni YM, Wang S, Mwangi BN, Mbari NJ, Musili PM, Walter NO, Hu G, Zhou Y, Wang Q. 2020. Plantas medicinais e seus usos tradicionais em comunidades locais em torno de Cherangani Hills, Quénia Ocidental. Plants 9 (3): 331. https://doi.org/10.3390/plants9030331.

McGregor, Iain S., Elizabeth A. Cairns, Sarah Abelev, Rhys Cohen, Mat Henderson, Daniel Couch, Jonathon C. Arnold, e Natalie Gauld. 2020. "Acesso ao canabidiol sem receita médica: uma comparação e análise entre países". *International Journal of Drug Policy* 85 (novembro): 102935. https://doi.org/10.1016/j.drugpo.2020.102935.

McPartland, John M. 2018. "Cannabis Systematics at the Levels of Family, Genus, and Species". *Cannabis and Cannabinoid Research* 3 (1): 203-12. https://doi.org/10.1089/can.2018.0039.

McPartland, John M., William Hegman e Tengwen Long. 2019. "Cannabis na Ásia: seu centro de origem e cultivo precoce, com base em uma síntese de pólen subfóssil e estudos arqueobotânicos". *História da Vegetação e Arqueobotânica* 28 (6): 691-702. https://doi.org/10.1007/s00334-019-00731-8.

Merlin, Mark. 1972. *O Homem e a Marijuana: Alguns Aspectos da sua Antiga Relação.*

Merzouki A, Molero Mesa J. 1999. La Chanvre (*Cannabis sativa* L.) dans La Pharmacopée Traditionnelle du Rif (Nord du Maroc). Ars Pharmaceutica 40 (4): 233-40.

Mikos, Robert A., e Cindy D. Kam. 2019. "A palavra 'M' foi enquadrada? Marijuana, Cannabis, and Public Opinion". Editado por Lucy J. Troup. *PLOS ONE* 14 (10): e0224289. https://doi.org/10.1371/journal.pone.0224289.

Mikuriya, T H. 1969. "Marijuana na medicina: passado, presente e futuro." *California Medicine* 110 (1): 34-40.

Mohammadi T, Moazzeni H, Pirani A, Vaezi J, Motahhari K, Joharchi MR, Bussmann RW. 2023. Ethnobotany of Plants Used by Indigenous Communities in Birjand, a Dry Region with Rich Local Traditional Knowledge in Eastern Iran. Ethnobotany Research and Applications 26: 1-40.

Nahas, G. G. 1982. "Haxixe no Islão do século IX ao século XVIII". *Boletim da Academia de Medicina de Nova Iorque* 58 (9): 814-31.

Academias Nacionais de Ciências, Engenharia e Medicina. 2017. Os Efeitos da Cannabis e dos Canabinóides na Saúde: O Estado Atual das Evidências e Recomendações para a Investigação. Washington, DC: The National Academies Press. https://doi.org/10.17226/24625.

Nawaz, A.H., M. Hossain, M. Karim, M. Khan, Rownak Jahan e Mohammed Rahmatullah. 2009. "An ethnobotanical survey of Rajshahi district in Rajshahi division, Bangladesh" [Um levantamento etnobotânico do distrito de Rajshahi na divisão de Rajshahi, Bangladesh]. *American-Eurasian Journal of Sustainable Agriculture* 3 (janeiro): 143-50.

Oksanen J, Blanchet FG, Kindt R, Legendre P, Minchin P R, O'Hara R B, Simpson GL, Solymos P, Stevenes MHH, Wagner H. 2015. Vegan: pacote de ecologia comunitária. Pacote R versão 2.5. 6. 1-29.

Osterberger, Elisabeth, Ulrike Lohwasser, Dijana Jovanovic, Joana Ruzicka e Johannes Novak. 2022. "A Origem do Género Cannabis". *Genetic Resources and Crop Evolution* 69 (4): 1439-49. https://doi.org/10.1007/s10722-021-01309-y.

Pagano C, Navarra G, Coppola L, Avilia G, Bifulco M, Laezza C. 2022. Canabinóides: Uso Terapêutico na Prática Clínica. International Journal of Molecular Sciences 23 (6): 3344. https://doi.org/10.3390/ijms23063344.

Pertwee RG. 2006. Cannabinoid pharmacology: the first 66 years. British Journal of Pharmacology 147 (Suppl 1): S163-71. https://doi.org/10.1038/sj.bjp.0706406.

Pisanti, S., e M. Bifulco. 2019. "*Cannabis* medicinal: uma história plurimilenar de uma sempre-viva". *Journal of Cellular Physiology* 234 (6): 8342-51. https://doi.org/10.1002/jcp.27725.

Quarshie, E., & Alagidede, I. P. (2020). Legalização da cannabis no Gana: implicações para o valor acrescentado na investigação e aplicações médicas e industriais. *Jornal de Estudos Indígenas e Xamânicos*, *1*(1), 1-14.

R.N, Mary Lynn Mathre. 1997. *Cannabis in Medical Practice: A Legal, Historical and Pharmacological Overview of the Therapeutic Use of Marijuana*. McFarland.

Ren, Guangpeng, Xu Zhang, Ying Li, Kate Ridout, Martha L. Serrano-Serrano, Yongzhi Yang, Ai Liu, et al. 2021. "O ressequenciamento do genoma completo em grande escala revela a história da domesticação da *Cannabis Sativa*." *Science Advances* 7 (29): eabg2286. https://doi.org/10.1126/sciadv.abg2286.

Ross IA. 2005. *Cannabis Sativa*. Em Medicinal Plants of the World, Volume 3: Chemical Constituents, Traditional and Modern Medicinal Uses, 29-116. Totowa, NJ: Humana Press. https://doi.org/10.1007/978-1-59259-887-8_2.

Rubin, Vera. 2011. *Cannabis and Culture*. Walter de Gruyter.

Rull, Valentí. 2022. "Origem, expansão inicial, domesticação e difusão antropogénica da *Cannabis*, com ênfase na Europa e na Península Ibérica". *Perspectivas em Ecologia Vegetal, Evolução e Sistemática* 55 (junho): 125670. https://doi.org/10.1016/j.ppees.2022.125670.

Russo, Ethan B. 2007. "História da Cannabis e suas preparações em Saga, Ciência e Sobriquet". *Chemistry & Biodiversity* 4 (8): 1614-48. https://doi.org/10.1002/cbdv.200790144.

Salmerón-Manzano E, Garrido-Cardenas JA, Manzano-Agugliaro F. 2020. Tendências mundiais de investigação sobre plantas medicinais. International Journal of

Environmental Research and Public Health 17 (10): 3376. https://doi.org/10.3390/ijerph17103376.

Schultes, Richard Evans. 1969. "Hallucinogens of Plant Origin" [Alucinógenos de origem vegetal]. *Science* 163 (3864): 245-54.

Sekkat ZL, Hassikou R, Souad S. 2023. Estudo etnobotânico sobre a utilização de plantas medicinais entre os pacientes diabéticos na região de Rabat-Salé-Kénitra, Marrocos. Ethnobotany Research and Applications, 26, 1-44. - http://dx.doi.org/10.32859/era.71.1-44

Sharma, G. K. 1977. "Cannabis Folklore in the Himalayas. *Botanical Museum Leaflets, Universidade de Harvard* 25 (7): 203-15.

Skalli S, Hassikou R, Arahou M. 2019. Um levantamento etnobotânico de plantas medicinais usadas para o tratamento de diabetes em Rabat, Marrocos. Heliyon 5 (3): e01421. https://doi.org/10.1016/j.heliyon.2019.e01421.

Stambouli H, El Bouri A, Bellimam M-A, Bouayoun T, El Karni N. Cultivo de Cannabis Sativa L. no Norte de Marrocos. Boletim sobre Estupefacientes. 2005;57 (-12): 79118-.

Svrakic, Dragan M., Patrick J. Lustman, Ashok Mallya, Taylor Andrea Lynn, Rhonda Finney e Neda M. Svrakic. 2012. "Legalização, descriminalização e uso medicinal da cannabis: uma perspetiva científica e de saúde pública". *Missouri Medicine* 109 (2): 90-98.

Tardío J, Pardo de Santayana M. 2008. Índices de importância cultural: uma análise comparativa baseada nas plantas silvestres úteis do sul da Cantábria (norte de Espanha). Botânica Económica 62: 24-39. https://doi.org/10.1007/s12231-007-9004-5.

Grupo de Filogenia de Angiospermas. 2016. "Uma atualização da classificação do Grupo de Filogenia das Angiospérmicas para as ordens e famílias de plantas com flor: APG IV". *Botanical Journal of the Linnean Society* 181 (1): 1-20. https://doi.org/10.1111/boj.12385.

Thomas B-F, ElSohly M-A. A Química Analítica da Cannabis. 2016. Elsevier. https://doi.org/10.1016/C2014-0-03861-0.

Touw, M. (1981). The religious and medicinal uses of Cannabis in China, India and Tibet (Os usos religiosos e medicinais da canábis na China, Índia e Tibete). *Journal of psychoactive drugs*, *13*(1), 23-34.

Gabinete das Nações Unidas contra a Droga e o Crime (UNDOC). 2004. Morocco cannabis survey 2004. https://www.unodc.org/pdf/research/Morocco_survey_2004.pdf. (Acedido em 17/09/2023).

Vergara, Daniela, Cellene Feathers, Ezra L. Huscher, Ben Holmes, Jacob A. Haas e Nolan C. Kane. Haas e Nolan C. Kane. 2021. "Associações fenotípicas amplamente assumidas em Cannabis Sativa carecem de uma base genética compartilhada". *PeerJ* 9: e10672. https://doi.org/10.7717/peerj.10672.

Warf, Barney. 2014. "Pontos altos: Uma Geografia Histórica da Cannabis". *Revisão Geográfica* 104 (4): 414-38. https://doi.org/10.1111/j.1931-0846.2014.12038.x.

Watts G. Cannabis Confusions. BMJ. 2006;332 (7534): 17576-. https://doi.org/10.1136/bmj.332.7534.175.

Xu Z, Deng M. Cannabaceae. Identificação e controlo de ervas daninhas comuns. 2017;Volume 2, -11924. https://doi.org/10.1007/978-94-024-1157-7_20

Yadav VK, Srivastava A. Estudo Microscópico e Químico da Cannabis sativa. Journal of Forensic Research. 2014;05 (01). https://doi.org/10.4172/2157-7145.1000210.

Zhang, Qingying, Xuan Chen, Hongyan Guo, Luisa M. Trindade, Elma M. J. Salentijn, Rong Guo, Mengbi Guo, Yanping Xu e Ming Yang. 2018. "Adaptação Latitudinal e Insights Genéticos sobre as Origens da Cannabis sativa L." *Frontiers in Plant Science* 9. https://www.frontiersin.org/journals/plant-science/articles/10.3389/fpls.2018.01876.

MIX
Papier aus verantwortungsvollen Quellen
Paper from responsible sources
FSC® C105338

Printed by Books on Demand GmbH, Norderstedt / Germany